# 章鱼妈妈的早餐

章鱼妈妈 著

北京联合出版公司
Beijing United Publishing Co.,Ltd.

## 前言

　　为家人、特别是为章鱼做早餐对我来说是一件很简单、很自然、本来就该做的事。从没想过自己为章鱼做的早餐会被这么多的人关注，更没想过有一天能集结成书。为章鱼做了五年多的花样早餐，我从一个零厨技妈妈变成了一个热爱制作各种美食的厨娘，同时又这么幸运地被许多人关注鼓励着，心中充满了很多感慨与无尽的感恩。

　　我在单位从事的是财务工作，说实话，有时候会觉得生活和工作都很枯燥。我没想到做早餐能让我感受到这么多的乐趣，每天折腾这些平时普通得不能再普通的食材，把它们变幻成各种不同的造型，对我来说是件很愉悦很有成就感的事，我的生活也变得有意思啦！看着章鱼每天吃完我准备的早餐，元气满满地去上学，我真的很享受这样的付出，再辛苦也是值得的。

　　因为早餐，我和章鱼有了更多良性的沟通和交流。她有时会早起帮着我一起做早餐，会给我一些关于早餐造型的创意和建议。我工作忙的时候她会体贴地让我早上多睡会儿，不用早起为她做早餐了。

　　爱的表达和付出有很多，为亲爱的人做早餐是我觉得最长情、最温情的一种。

薄荷叶

玉米

紫薯

黑芝麻酱

### 步骤——30分钟即可完成

◆ 紫藤造型

紫色的是紫薯，黄色的是玉米，绿色的叶子是薄荷叶。

先用黑芝麻酱勾勒出紫藤的藤蔓，然后借助镊子把洗净的薄荷叶连串错开摆放，最后把剥好的玉米粒和紫薯颗粒作为紫藤的花放在合适的位置。

◆ 普通家用餐盘，简单工具：小刀、镊子。

章鱼的早餐,主要由摆盘部分(食物造型)和配餐部分组成。

开始给章鱼做花样早餐是在她上小学一年级的时候。在这之前,章鱼的早餐和上学接送基本都是婆婆帮我们完成的。上小学后,看到章鱼奶奶每天一早来我家,又是送早餐又是接章鱼上学,实在辛苦,我和章鱼爸爸就商量以后章鱼的早餐和送她上学的事情由我们自己承担。

此外,因为我平时工作比较忙,每天陪伴章鱼为她专心做些事情的时间很有限,我觉得自己每天为她做一份早餐是表达我对她的爱的最简单的方法。

拍摄条件:
■ iPhone4s
■ 每个清晨
■ 自然光线下
■ 家里餐桌上

# 目录

## 第1章 简单地改变，让早餐更有趣

从一点点巧克力酱开始吧 _12
一秒钟变小熊 _14
玉米粒来帮忙 _15
原来是凤凰哇 _16
跳舞的女孩 _18
只要摆摆就OK的小坚果们 _20
　　薰衣草造型 _20
　　麦穗造型 _21

如果你有一个蛋 _22
01 熊猫四重奏 _22
　　吃糖葫芦的熊猫造型 _23
　　撑雨伞的熊猫造型 _25
　　耍杂技的熊猫造型 _26
　　戴斗笠的功夫熊猫造型 _27

02 企鹅亲子组合 _28
　　海苔企鹅造型 _28
　　麻酱企鹅造型 _28

03 两只小毛驴 _30
　　白煮蛋毛驴造型 _31

04 燕子 _32
　　一只小燕子造型 _33
　　三只小燕子造型 _33

05 还有他们仨 _34
　　大白造型 _34
　　稻草人造型 _35
　　兔斯基造型 _35

## 第2章 主食大作战

包子大变身 _38
　　肉包版功夫熊猫造型 _38
　　小丑造型 _39
　　猪八戒造型 _39
　　吃竹子的熊猫造型 _39

饺子连连看 _40
　　呆头鹅造型 _40
　　饺子小天鹅造型 _42
　　呆萌龙造型 _43
　　鸵鸟造型 _43

米饭神助攻 _44
　　大雁造型 _45
　　柳树造型 _47
　　天鹅饭团造型 _48
　　河豚造型 _49
　　京剧刀马旦脸谱造型 _50
　　花旦造型 _51

　　太极八卦造型 _52
　　小熊维尼造型 _53
　　土著小男孩造型 _53

吐司的魔法 _54
　　吃竹子的熊猫三明治造型 _55
　　小丑鱼尼莫造型 _57
　　超级马力造型 _59
　　企鹅三明治造型 _60
　　龙猫三明治造型 _60
　　丹顶鹤造型 _61
　　京剧脸谱造型 _61

面条也疯狂 _62
　　小刺猬造型 _63
　　螺旋意面狮子头像造型 _64
　　洋娃娃头像造型 _64
　　跳舞的鸵鸟造型 _65
　　蒲公英造型 _65

## 第3章 一起来逛动物园

**清早，送给宝贝一只小兔子吧** _68
**吐泡泡的小金鱼** _71
**猫头鹰黑眼圈了** _72
**顽皮的狮子** _74
**小丑狐** _77
**红薯变身丹顶鹤** _78
**高雅的黑天鹅** _79
**水果猫头鹰** _79
**大圣归来** _80
**快乐的小鸡** _81
**悠闲的水鸭** _81

**孔雀，我最美** _82
  开屏的孔雀造型 _82
  高傲的孔雀造型 _83

**鼹鼠的故事** _84
  小鼹鼠造型 _85
  牛油果小鼹鼠造型 _85

**萌萌的小鹿们** _86
  亲亲梅花鹿造型 _86
  酣睡的梅花鹿造型 _86
  吃东西的长颈鹿造型 _87
  长颈鹿的证件照造型 _87

## 第4章 花开四季

**春** _90
  玉兰花造型 _90
  兰花造型 _91
  凌霄花造型 _92
  铃兰花造型 _93
  黄色康乃馨造型 _94
  红色康乃馨造型 _95

**夏** _96
  向日葵造型 _96
  栀子花造型 _97
  菖蒲花造型 _98
  百合造型 _98
  荷花造型 _99

**秋** _100
  猕猴桃牵牛花造型 _100
  橙子牵牛花造型 _101

**冬** _102
  玉米粒梅花造型 _102
  猕猴桃梅花造型 _103

## 第5章 水果的季节

**草莓** _106
　　草莓红鲤鱼造型 _107
　　火烈鸟造型 _108
　　樱花造型 _109
　　无名小花造型 _109

**牛油果** _110
　　牛油果猫头鹰造型 _111
　　牛油果企鹅造型 _112
　　牛油果小熊造型 _113
　　小毛驴造型 _114
　　乌鸦造型 _115

**苹果** _116
　　英国皇家卫队卫兵造型 _117
　　鹦鹉造型 _118
　　小雏菊造型 _119
　　花环造型 _120

**葡萄** _122
　　黑提蚂蚁造型 _122
　　黑天鹅造型 _122
　　乌鸦造型 _123

**无花果** _125
　　小浣熊造型 _125
　　金鱼造型 _126
　　小狐狸造型 _126
　　两只小老鼠造型 _127
　　一只小老鼠造型 _127

**石榴** _128
　　石榴小瓢虫造型 _128
　　石榴火烈鸟造型 _129

**樱桃** _130
　　樱桃火烈鸟造型 _131

**芒果** _132
　　公鸡造型 _133

**猕猴桃** _134
　　花丛造型 _134
　　松树造型 _135

## 第6章 节日的祝福

**端午** _139
　　龙头造型 _139

**中秋** _141
　　苹果花造型 _141

**圣诞** _143
　　桂圆花造型 _143

## 最佳单品

**汤&饮品**
芒果西瓜牛奶西米露 _13
南瓜牛奶汁 _25
豌豆奶油浓汤 _42
红心火龙果酸奶 _55
杂蔬菌菇骨汤 _75

**主食**
南瓜饼 _15
米筛爬 _20
泡菜饼 _28
牛油果香肠芝士三明治 _28
乌米饭团 _45
米汉堡 _50
芝士吐司 _59
芝士焗红薯 _78
培根芝士吐司 _133

**配菜**
椒盐迷迭香土豆 _85

**其他**
鸡蛋花 _17
馒头花 _121

# 第 1 章
## 简单地改变,让早餐更有趣

# 从一点点巧克力酱开始吧

摆盘 | 红心橙＋蓝莓蛋糕＋巧克力酱
配餐 | 芒果西瓜牛奶西米露
　　　生菜甘蓝苹果西瓜西柚沙拉

简单地改变，让早餐更有趣

从刚开始学做简单早餐，注意食材和早餐营养搭配开始，我慢慢对早餐食物的摆盘感兴趣。我发现每天的早餐时间不再枯燥，开始变得有趣起来。章鱼对我的花样早餐也是很喜欢，会有点小期待，会经常给我提建议和想法。章鱼从吃早餐到参与进每天的早餐中，我们之间的交流和话题也越来越多、越来越融洽了。

早餐摆盘的灵感多半来自日常生活，平时看到或者想到一些有趣的图案和造型，我会在本子或者脑中记录下来，时间久了就有了自己的资料库。有时看到食材的颜色和形状，我习惯性地就会想它能做成什么有趣的造型，用什么食材来搭配比较好。

做早餐真的很辛苦，我一般早上六点起床，早餐时间根据难易程度，用时30分钟左右，下班还要跑菜场和超市准备食材。花样早餐能坚持到现在，除了出于作为妈妈的责任，以及自己的兴趣爱好，还有就是微博上无数朋友们的关注、支持和鼓励。

## 最佳单品

**芒果西瓜牛奶西米露**

1. 锅里加水煮开，加入50克西米，中火煮5分钟左右，煮到西米只剩下中间一点白就可以关火了，然后焖会儿直到完全透明。
2. 把西米捞出，冷水过一会儿，加入250毫升牛奶，牛奶大致没过西米。可根据各人口味放入适量炼乳拌匀，放入冰箱冷藏。
3. 芒果一个，切粒或小片，放入西米露中即可。

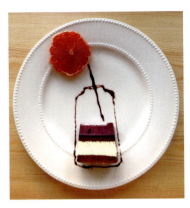

**小红花造型**

红心橙子横切成片，然后剥去外皮后，是不是很像一朵小红花？花瓶是用巧克力酱画出来的，那时还没发现黑芝麻酱的妙用。

# 一秒钟变小熊

| 摆盘 | 肉饼+樱桃+白煮蛋+开心果+海苔 |
|---|---|
| 配餐 | 青豆玉米+白煮蛋 |
| | 南瓜牛奶羹+樱桃 |

肉饼油煎以后的颜色和小熊的毛色是不是有点相近？肉饼是圆的，和小熊脑袋的形状也很契合。花样早餐做得多了，自己心中和本子里累积的素材也就多了。看到食材色彩、形状及食材本身的特性，就会很自然地被激发出很多灵感。

**小熊造型**

1. 将肉饼稍微用油煎一下。
2. 用剪刀把海苔剪出两个小圆形作眼睛，剪出稍大的两个圆形作耳朵，再剪出小熊的嘴巴和鼻子。
3. 白煮蛋对半切，将半个白煮蛋如图放在肉饼上面偏下的位置，借助镊子把步骤2中剪好的小熊五官放在相应的位置上即可。

简单地改变，让早餐更有趣

# 玉米粒来帮忙

摆盘　南瓜饼+玉米+瓜子仁+香菜茎

配餐　鸡蛋炒秋葵

　　　白米粥

### 最佳单品

**南瓜饼**

1. 200克南瓜去皮切小片蒸熟，用调羹把南瓜压成泥（可趁热在南瓜泥中添加适量白糖）。
2. 把南瓜泥倒入100克糯米粉中，用筷子把南瓜和糯米粉搅拌成雪花状，如太干可以加入一点牛奶或者清水。
3. 用手把上面的面糊揉成光滑的面团，搓成长条，分成大小相当的剂子，用手压成扁圆（也可以包入红豆沙馅），然后把玉米粒、瓜子仁在南瓜饼的一面摆出自己想要的图案，再用手压下，使之嵌入饼中。
4. 平底锅中倒入适量的色拉油，放入南瓜饼，用小火煎至两面金黄色即可。

**花样南瓜饼造型**

在煎南瓜饼前，把玉米粒和瓜子仁摆放成如图形状，再用手压下，使之嵌入南瓜饼中，花秆和枝干是香菜的茎。

# 原来是凤凰哇

摆盘 | 煎鸡蛋 + 玉米 + 圣女果 + 黄瓜 + 黑芝麻酱
配餐 | 牛肉面 + 玉米 + 圣女果

简单地改变，让早餐更有趣

### 凤凰造型

这个造型纯粹是自己摆着玩的。

1. 先用黑芝麻酱勾勒出凤凰的头部和身体形状。
2. 将黄瓜用刨刀刨三个长条，用小刀在条边上刻画小锯齿，形似尾部长长的羽毛状。
3. 横切几片黄瓜，分别切成细条状和圆形，然后借助镊子如图摆放。
4. 身体上的黄色颗粒是玉米粒，红色的是圣女果。

### 最佳单品

**鸡蛋花**

17

# 跳舞的女孩

摆盘 | 草莓+黑芝麻酱
配餐 | 萝卜丝肉饼
　　　小米粥

有人说自己没绘画基本，要画出什么什么图案太难了，其实我也从没什么绘画基础，黑芝麻酱画的图案都简单得很，没有绘画基础的妈妈只要认真点都能画出的。（大块的黑色我一般是用手指涂抹开的。）

### 跳芭蕾的女孩造型

做了很多芭蕾女孩造型的早餐，这些造型摆盘灵感是陪章鱼上舞蹈课时迸发出的。这次造型的食材只有草莓和黑芝麻酱，做法也是简单。用黑芝麻酱画出芭蕾的舞蹈动作，预留出芭蕾裙的位置，等画好后，再把草莓叠加放上。

这个跳芭蕾的女孩造型，在裙子预留的地方放了石榴。

摆盘　｜　石榴+黑芝麻酱
配餐　｜　番茄牛肉面+煎鸡蛋

这次在裙子预留的地方放了意面。

摆盘　｜　培根菌菇番茄意面
配餐　｜　草莓
　　　　　南瓜牛奶汁

这次的裙子是青菜鸡蛋饼。这些穿着各种颜色、不同食材做的芭蕾裙的女孩，看着是不是非常赏心悦目呢？章鱼说就差白色和黑色芭蕾裙了，建议我可以按裙子色彩区分，做一个系列，哈哈，也是不错的建议哦。

摆盘　｜　青菜鸡蛋饼+猕猴桃
配餐　｜　腰果
　　　　　蟹黄粥

# 只要摆摆就OK的小坚果们

摆盘　｜蚝油芦笋＋花生
配餐　｜米筛爬
　　　｜炒鸡蛋

## 最佳单品

### 米筛爬

米筛爬是浙江省浦江的一道汉族风味小吃。把面和软后，搓成一指宽面条，然后扯下一小团，用大拇指在米筛上"爬"——摁、卷，再轻轻一拨就完成。

### 薰衣草造型

无意中吃到一种紫皮花生，当时脑中就闪现一个想法，可以用它来表现薰衣草造型。
把紫皮花生剥好备用，芦笋在平底锅炒熟。用筷子夹起放在盘中，把剥好的紫皮花生放在芦笋顶端，大致就有点薰衣草的样子了。

简单地改变，让早餐更有趣

摆盘｜松子＋山楂＋黑芝麻酱
配餐｜培根鸡蛋生菜手抓饼
　　　南瓜牛奶汁

　　这个创意看着有点小清新的感觉。这是我在吃松子时，发现一颗颗长长的松子看着好像麦粒，突然觉着用松子摆出一片麦穗的造型也是很不错啊。就是吃的时候被章鱼抱怨，这样一颗颗吃不如一把吃了来得爽快，哈哈哈。

**麦穗造型**

图中黑色的是黑芝麻酱画的，松子最好借助镊子摆放上去，容易摆放整齐。

# 如果你有一个蛋

## 01 熊猫四重奏

摆盘 | 白煮蛋 + 樱桃 + 提子 + 黑芝麻酱
配餐 | 牛肉口蘑菠菜面 + 玉米

简单地改变，让早餐更有趣

我真的是个国宝控！我的日常服饰、日用品中熊猫元素真的随处可见，早餐摆盘也是不厌其烦地拿大熊猫作参考。章鱼有时和我吵架都会来一句："你应该生个熊猫当你的女儿，这样你就开心了，反正它什么都好。"不知道是不是受我的影响，章鱼小小年纪，穿衣服就偏爱黑白色，她说这两个颜色最可爱、最酷，哈哈。

菠菜面是用菠菜汁和的面，是前一天晚饭的主食，我特意多做了些当第二天的早餐。酱牛肉是我之前做好后放冰箱冷冻储藏的，吃的时候拿出切片。所以看着复杂的早餐，如果提早做好一些准备，早上是不会花费很多时间的。

### 吃糖葫芦的熊猫造型

1. 先用黑芝麻酱勾勒出熊猫的轮廓，肚子预留出放白煮蛋的位置，在需要整块覆盖的地方可以多挤一些黑芝麻酱，用手指抹开，擦拭和修饰可用厨房用纸（撕一小张厨房用纸，然后卷成针状）。
2. 圣女果和黑提洗净对半切，然后如图借助镊子摆放好。
3. 等面条做好，将白煮蛋剥壳，用小刀在侧面平切一个小切面，放在熊猫肚子位置。

摆盘 | 培根番茄意面+白煮蛋+苹果+黑芝麻酱
配餐 | 南瓜牛奶汁

这份早餐只有煮意面时费些时间。如果早上想多休息睡会儿懒觉，可以在前一天晚上把意面煮好沥干晾凉，然后放冰箱冷藏，第二天早上直接过下滚水和酱汁一起拌匀或者直接和别的食材一起翻炒就可以了。

简单地改变,让早餐更有趣

有人觉得早餐做意面会不会太大阵仗,在我看来章鱼喜欢吃才是最重要的。再说,意面的制作过程也不复杂,类似中式炒面,准备工作提早做好,也是很快手的。撑雨伞的国宝造型是不是简单又可爱?给它设定不同的道具和状态,可以衍生出很多的创意,真的是百变熊猫啊!

### 最佳单品

**南瓜牛奶汁**

南瓜牛奶汁是用豆浆机做的,把南瓜去皮切小块(大概一个普通饭碗装满的量)和适量清水放入豆浆机,选择相应的功能键,等豆浆机工作完成,倒入500毫升左右的牛奶搅拌均匀即可(根据自己口味可以放适量白糖)。

**撑雨伞的熊猫造型**

1. 先用黑芝麻酱勾勒出熊猫轮廓,需要大块黑色的部分多挤些黑芝麻酱,用手抹开,然后预留腹部和雨伞的位置。
2. 苹果洗净,切出三片,再用小刀刻画下大致轮廓,再把苹果片叠加摆放成伞的形状。伞把是用黄瓜皮做的。

摆盘 ｜ 芦笋 + 白煮蛋 + 橙子 + 黑芝麻酱
配餐 ｜ 蚝油芦笋
　　　荠菜肉小馄饨

**耍杂技的熊猫造型**

1. 用黑芝麻酱勾勒出熊猫轮廓，需要大块黑色的部分多挤些黑芝麻酱，用手抹开，然后预留腹部位置。
2. 切一片橙子，放熊猫脚下，做熊猫踩在圆形球上的造型。
3. 白煮蛋剥壳，在一侧横切一个平的面，然后把鸡蛋放在熊猫腹部位置，再切几片芦笋作装饰用的竹叶。

　　耍杂技的小熊猫，这个创意是陪章鱼去杭州野生动物园看动物杂技表演时想到的。橙子横切做球，"滚滚"站球上表演。章鱼建议说，下次可以让它表演走钢丝。哈哈，万能的熊猫啊。

　　这个早餐也挺简单省时的，小馄饨的馅是前一晚拌好的，馄饨皮是昨天下班时候菜场买的，早上现包现煮现吃。

简单地改变,让早餐更有趣

摆盘 | 肉粽+白煮蛋+小苹果+黑芝麻酱
配餐 | 清炒菱角荷兰豆
南瓜牛奶汁

### 戴斗笠的功夫熊猫造型

1. 用黑芝麻酱勾勒画出要表现的熊猫造型的大致轮廓,需要大块黑色的部分多挤些黑芝麻酱,用手抹开,然后预留头部帽子和腹部位置。
2. 肉粽热透,剥去粽叶放在头顶位置当作帽子。
3. 将白煮蛋剥壳,在一侧横切一个平的面,放在熊猫腹部的位置。
4. 竹竿上点缀几片荷兰豆切出的竹叶,脚下位置再放个红色的小苹果,让画面色彩鲜亮些。

戴斗笠的功夫熊猫,给了我无限的灵感。因为之前有看到过类似熊猫的卡通图案,所以看到尖尖角的酱油色粽子,我一下就想到了可以参考那个造型。成品出来,老公说像丐帮帮主,章鱼说像干活的农民伯伯。哈哈哈,他们的想象力太丰富了。

肉粽是章鱼奶奶自己包的,因为我家章鱼喜欢吃肉粽,疼爱她的奶奶时不时地就包肉粽给她吃。

## 02 企鹅亲子组合

### 海苔企鹅造型

1. 用海苔根据鸡蛋大小剪出一大一小两只企鹅的大致外形。
2. 用胡萝卜或者别的可以替代的食材刻画出企鹅的嘴和眼睛。
3. 白煮蛋煮熟后,一半大一半小地对半切开。大点的一半直接把白煮蛋放在剪好的海苔上。小点的一半直接用海苔包裹住。
4. 最后借助镊子把嘴和眼睛放在合适的位置。

### 最佳单品

**泡菜饼**

1. 半棵泡菜切细丝、洋葱切碎末备用。
2. 把100克面粉、清水半杯(约200毫升)、泡菜汁及步骤1中的材料混合,搅拌均匀到没有面疙瘩,并放置10分钟待用。
3. 平底锅中倒入适量食用油,六成热后倒入面糊,中小火,一面煎好后再煎另外一面,煎好的标准是用手或铲子按压饼的中心,感觉硬了即可。

### 麻酱企鹅造型

1. 先在盘子中用黑芝麻酱勾勒出企鹅的轮廓,需要大块黑色的部分多挤些黑芝麻酱,用手抹开,然后预留腹部的位置,大小和白煮蛋相配。
2. 用刀切几片胡萝卜,再用小刀刻画成企鹅的嘴和脚的形状,用镊子夹住放在各自位置。
3. 等三明治做好,南瓜牛奶汁调制好,把白煮蛋剥壳对半切开,放在预留好的位置。

### 最佳单品

**牛油果香肠芝士三明治**

1. 牛油果去皮切成片,然后用勺子压成泥状备用。
2. 香肠切薄片在平底锅小火两面稍微煎下,然后把煎好的香肠平铺在吐司面包上,放上一片芝士,抹上一层牛油果泥,再放一片吐司面包稍微压实就可以了。

简单地改变,让早餐更有趣

摆盘 | 泡菜饼+白煮蛋
　　　海苔+胡萝卜
配餐 | 酱鸭玉米菌菇菜泡饭
　　　红枣+葡萄

摆盘 | 白煮蛋+燕麦圈
　　　黑芝麻酱+胡萝卜
配餐 | 牛油果香肠芝士三明治
　　　南瓜牛奶汁

# 03 两只小毛驴

摆盘A　│　葡萄+黄瓜
摆盘B　│　黄油烤吐司+白煮蛋+玉米+黄瓜+海苔
配餐　 │　南瓜牛奶汁

　　鸡蛋是章鱼每天必吃的一样食物，它在我早餐中出现的频率是最高的，出现的形式也是各种各样的，有时候是鸡蛋花，有时候是熊猫、小兔子、小鸭子、小天鹅……这次则以呆萌的小毛驴造型出现。我自己都不知道自己脑袋里是不是住了一个哆啦A梦，每天都怎么冒出来的想法啊。章鱼看到毛驴，自然而然哼起了《我有一只小毛驴》这首歌，早餐时光都变得欢快起来了，看来做得还是挺像的哈！

 简单地改变,让早餐更有趣

### 白煮蛋毛驴造型

1. 用剪刀将海苔剪出小毛驴头顶的毛发,毛驴上下脸部的分割线、鼻孔。
2. 耳朵也可以用海苔代替,这款早餐中用的是黄瓜,另外,眼睛是两颗黑芝麻。
3. 鸡蛋剥壳,借助镊子把上面的材料如图粘好。

摆盘A | 花生酱吐司+葡萄
摆盘B | 白煮蛋+清炒荷兰豆+海苔
配餐 | 牛奶

  有人经常说章鱼的早餐摆盘每天都不重样,其实我用的食材基本就是常吃的那些,只是换了搭配而已。另外,我经常是突然有个好的想法,然后做出来的造型效果又觉得很好,就会想着根据这种食物的原本形状等,对这个造型稍稍改变,变换成不一样的造型。这两款早餐中的小毛驴的造型就是稍加变换做出来的。

## 04 燕子

摆盘 | 白煮蛋+苦苣+黑芝麻酱+胡萝卜
配餐 | 全麦面包+奶酪+培根+樱桃
　　　南瓜牛奶汁

简单地改变,让早餐更有趣

"小燕子,穿花衣,年年春天来这里……"章鱼很早很早以前唱起这首歌的时候就央求我做个燕子造型的早餐,我那时一时没想好用什么食材,怎么来表现,慢慢就忘了。一次,看到自己之前用白煮蛋和黑芝麻酱摆的熊猫造型,突然就有了燕子造型的想法:用黑芝麻酱画出燕子的大致轮廓,用白煮蛋做燕子的白色腹部。自从早餐中使用了黑芝麻酱,很多以前觉得很难表现的造型突然变得简单容易了,我觉着我自己的绘画水平也提高了不少呢。

### 一只小燕子造型

先用黑芝麻酱画出燕子的图像轮廓,然后预留腹部部分,用来放置白煮蛋。

### 三只小燕子造型

制作方法和前面一样,用黑芝麻酱画出各种形态的燕子,然后预留燕子腹部位置,用来放置鹌鹑蛋。

| 摆盘 | 鹌鹑蛋+黑芝麻酱+樱桃+胡萝卜 |
| 配餐 | 青菜牛肉玉米米线 |

## 05 还有他们仨

摆盘 | 白煮蛋+鹌鹑蛋+猕猴桃+黑芝麻酱
配餐 | 荠菜肉末春卷+玉米
二米粥

这个鸡蛋和鹌鹑蛋组合摆出的大白造型是章鱼在看了电影《超能陆战队》后给我的提议,我自己也超级喜欢萌萌的大白,在想如何呈现的时候,我脑海中最先闪出的就是鸡蛋和鹌鹑蛋。

### 大白造型

1. 鸡蛋和鹌鹑蛋煮熟剥壳,其中一个鸡蛋在下面横切一小个切面,放在盘中做大白的身体部分。
2. 另一个鸡蛋横着在鸡蛋三分之一处切下,小的一端顶朝上摆放,做大白的头部。再在剩余的三分之二鸡蛋处,切两片蛋白,用作大白的手臂,用小刀刻画出手指形状。
3. 把鹌鹑蛋对半切,做大白的腿,如图摆好。
4. 用黑芝麻酱画出大白的眼睛和嘴。

简单地改变，让早餐更有趣

### 稻草人造型

这个造型是看到一张图片，觉得好玩试着做的，图案看着挺小清新的。材料和做法都简单得很，相信大家看着图片也能做。

稻草人的头部是半个白煮蛋，眼睛嘴巴是海苔，另剪了些细碎的长条海苔做稻草人的草帽和手脚等，身体部分则切了片哈密瓜替代。

摆盘 | 白煮蛋+海苔+哈密瓜+坚果仁+黄瓜
配餐 | 肉煎饺
　　　鸡蛋番茄汤
　　　哈密瓜

### 兔斯基造型

这个形象太经典，大家都喜欢他那种贱贱的可爱。

用沙拉酱画出他的身形，不要说你画不出，我也没绘画基础，照图画应该都能画出个大概吧。头部是半个白煮蛋，眼睛是用海苔做的，粘的时候借助镊子。红色箭头是用番茄皮做的。

摆盘 | 炒芦笋+白煮蛋+海苔+番茄皮
配餐 | 培根菌菇番茄意面
　　　红枣花生核桃牛奶

35

# 第 2 章 主食大作战

# 包子大变身

摆盘 | 肉包 + 榴莲 + 玉米 + 黑芝麻酱
配餐 | 冰糖银耳莲子百合羹
　　　炒鸡蛋

**肉包版功夫熊猫造型**

1. 用黑芝麻酱勾勒画出功夫熊猫的大致形状，预留出头部和腹部的位置，在其余需涂抹大块黑色的地方，多挤些黑芝麻酱，然后用手抹均匀。
2. 取一片海苔，用剪刀剪出熊猫的耳朵、眼睛、鼻子、嘴巴。
3. 把榴莲肉放在熊猫肚子预留好的空白位置。
4. 包子蒸好，准备开吃前把包子放在之前预留好的熊猫头部位置，然后借助镊子把剪好的熊猫耳朵等如图放好，再用沙拉酱勾勒出眼睛处的眼白，增加生动感。

功夫熊猫，有没有觉得吃完这个早餐，元气满满？因为造型缘故，榴莲用得有限，结果我家章鱼抗议，说我小气，还说这点榴莲只够她塞牙缝的！最后吃完早餐，又加量给她一份榴莲。哎，真担心她早餐吃得这么饱去上学会太撑。

摆盘 | 肉包+白煮蛋+麻油拌香干菊花菜+
　　　红枣+青苹果+圣女果
配餐 | 菠菜蛋汤

### 小丑造型

这个造型很简单。
用剪刀将海苔剪出小丑的嘴和眼睛，再借助镊子摆在相应的位置处。
小丑红色的鼻子和头上帽子的红色球球是圣女果。
青苹果上刻出了五角星，主要是为了和小丑形象搭配。
帽子是用麻油拌香干菊花菜摆出的造型。

摆盘 | 肉包+苹果+开心果
配餐 | 番茄蛋汤

### 猪八戒造型

1. 切一片带皮苹果，然后用小刀刻画或者用圆形模具压出圆形图案，作鼻子；再另切一薄片苹果，对半切开，作耳朵；用剩下的边角料做一个扇面形，作帽子。用小刀刻画出钉耙形状，另外鼻孔、嘴巴等部件也用小刀刻画好备用。

2. 眼睛处用的是黄瓜，是用圆形模具压出的两个小圆。等所有上述材料备好，借助镊子按图所示各归其位摆放好。

摆盘 | 肉包+黑芝麻酱+海苔+黄瓜
配餐 | 番茄牛肉乌冬面+玉米

### 吃竹子的熊猫造型

熊猫的身体是用黑芝麻酱画出的，包子上的五官、耳朵，前足等是海苔。

# 饺子连连看

　　煎饺是我们全家都很喜欢的早餐主食，它在我的早餐中也经常会出现。但是说实话，单单只有饺子真的很难凹造型，不过我觉得有好几个饺子为主的早餐造型还是挺让我自己惊艳的。

　　这个呆头鹅造型就是其中之一。馅料足足的煎饺看起来多么像呆头鹅胖胖的身体！

**呆头鹅造型**

鹅的脖颈是用沙拉酱画的，嘴巴和脚掌是用胡萝卜做的。
具体是：切一薄片胡萝卜，借助小刀刻画出呆头鹅嘴巴和脚掌的大致形状，然后借助镊子放在如图的位置。

摆盘｜鲜肉煎饺＋松子＋黑芝麻酱＋沙拉酱＋胡萝卜
配餐｜黄瓜炒鸡蛋
　　　红枣核桃花生牛奶汁

摆盘｜鲜肉煎饺＋猕猴桃＋沙拉酱＋番茄皮
配餐｜豌豆奶油浓汤

天鹅造型在我的早餐中出现的频率大概仅次于熊猫吧。图案摆盘简单省时，能用来表现的食材很多，出来的效果也往往让我自己惊艳。

### 饺子小天鹅造型

1. 用沙拉酱在餐盘中勾勒出各种S形和抛物线形的天鹅脖颈和头部。
2. 用黑芝麻酱点缀眼睛和嘴巴部位。
3. 嘴巴是番茄皮做的。切一块番茄皮，用小刀刻画成嘴巴形状，然后借助镊子放在图中嘴巴位置。
4. 等饺子煎好，再如图摆放好即可。

## 最佳单品

### 豌豆奶油浓汤

1. 200克豌豆放入水中煮熟取出备用。
2. 黄油放入锅中小火融化，然后放入洋葱末炒至溢出香味，盛出备用。
3. 把煮熟的豌豆和炒好的洋葱末一起放入搅拌器，加入200毫升水打成浆。
4. 把打好的豌豆浆倒入汤锅，再把剩下的清水倒进，小火慢熬，熬的时候要不停搅拌，等汤煮开，调入奶油，最后放盐、白胡椒粉调味。

## 主食大作战

**呆萌龙造型**

1. 将芹菜叶洗净后，如图摆放。
2. 芹菜肉煎饺依次摆好。
3. 眼睛是将白煮蛋对半切后摆放做成的。
4. 嘴巴是用带皮的苹果块做的。

| 摆盘 | 芹菜肉煎饺+白煮蛋+苹果+芹菜叶 |
| --- | --- |
| 配餐 | 豆瓣酱炒秋葵<br>二米粥 |

**鸵鸟造型**

1. 先把凤梨切小块，摆出一个S形，作为鸵鸟的头和颈部。
2. 用沙拉酱画出眼睛形状和鸵鸟的腿脚，再在眼睛处放一颗黑芝麻。
3. 在鸵鸟尾巴处放好生菜，把煎好的饺子摆放在鸵鸟身体的位置，撒上些芝麻和香葱段。
4. 鸡蛋对半切如图和一些生菜丝摆放好。

| 摆盘 | 葱肉煎饺+白煮蛋+凤梨+胡萝卜+生菜+沙拉酱 |
| --- | --- |
| 配餐 | 冰糖杨梅梨汁 |

# 米饭神助攻

摆盘 | 乌米饭团＋菠萝＋黄瓜＋白煮蛋＋黑芝麻酱＋番茄皮
配餐 | 清炒培根芦笋＋白煮蛋＋玉米
　　　黑豆花生核桃浆

> **最佳单品**

**乌米饭团**

杭州立夏有吃乌饭的习俗，可以除风解毒，防蚊叮虫咬。

乌饭的做法很简单：将乌树叶清洗干净，用手使劲搓出汁水（可以用搅拌机加水搅拌成浆，然后过滤出汁水）。搓出的汁水用来浸泡糯米，大概浸泡半天左右，然后把多余的汁水倒掉。将糯米放蒸锅蒸熟就可以了。

**大雁造型**

1. 先用黑芝麻酱勾勒出大雁的大致形体。
2. 捏一个和大雁身体形状大致一致的椭圆乌饭团和两个展开的三角形状的乌饭团，将三个饭团摆在预留的位置上，稍微整形。
3. 小三角形状的嘴巴是用番茄皮做的。

主食大作战

香椿上市时,香椿炒蛋饭配上柳树造型,是不是看了就让人有种春天的感觉?

我家章鱼吃着早餐不自觉地咏起了贺知章的《咏柳》:碧玉妆成一树高,万条垂下绿丝绦。不知细叶谁裁出,二月春风似剪刀。

**柳树造型**

用黑芝麻酱画出柳树的树形和柳条,等饭炒好了放入盘中位置,然后在盘中撒入切好的小葱。整个造型有种春天的感觉。

| 摆盘 | 香椿鸡蛋炒饭 |
| --- | --- |
| 配餐 | 蔬菜汤 |
| | 樱桃 |

47

| 摆盘 | 糯米饭团＋猕猴桃＋圣女果＋沙拉酱＋黑芝麻酱＋番茄皮 |
| --- | --- |
| 配餐 | 豌豆春笋腊肉 |
|  | 蛋花汤 |

　　这个天鹅造型是目前为止我自己最喜欢的,白白胖胖看着可爱闲适得很。章鱼吃的时候当场吟诗一首:鹅,鹅,鹅,曲项向天歌。白毛浮绿水,红掌拨清波。

　　糯米我是提前一个晚上用水浸泡,早上起来锅里蒸20分钟左右就熟了。

**天鹅饭团造型**

1. 先用沙拉酱勾勒出天鹅的脖颈和头部,再用黑芝麻酱点缀在头部眼睛和嘴连接处。
2. 用小刀在番茄皮上刻画出天鹅嘴巴的形状,然后用镊子夹起放在盘中天鹅嘴巴位置。
3. 把蒸好的糯米饭捏成椭圆形状,然后放在盘中天鹅身体的位置上。

**主食大作战**

| 摆盘 | 肉粽＋清炒秋葵＋开心果＋圣女果＋黑芝麻酱＋燕麦 |
|---|---|
| 配餐 | 清炒秋葵＋白煮蛋 |
| | 银耳莲子羹 |

### 河豚造型

1. 用黑芝麻酱画出一个顶部线条稍圆，前面稍宽，后面稍窄，两端稍圆的条形，然后撕条厨房用纸，卷成一角尖的细条，在前面眼睛位置处，把涂好的黑芝麻酱抹去，中间留一小黑圆点，河豚的眼睛形状就出来了。
2. 把煮熟透的粽子去粽叶，放在碗里趁热用筷子打散，然后用筷子夹起放在河豚的腹部处，大致摆成个竖排的大写字母D。
3. 最后切几片小番茄，装饰在河豚背脊处和尾处。

摆盘 | 米汉堡＋樱桃＋黑提＋黄瓜＋胡萝卜＋鸡蛋卷＋开心果＋海苔
配餐 | 玉米蟹味菇骨头汤

　　这个摆盘是自己早期创意中最最令我得意的，可惜早期的图片质量不好。整个图案看起来非常华丽，至今还记得章鱼和鱼爸惊讶欣喜的表情，感觉也是那时最让他们认可的一个创意。后来见好多人模仿，出来的效果好多都比我的好。

### 最佳单品

**米汉堡**

米汉堡的中间夹的是猪肉馅。昨晚包饺子，剩下的葱肉馅里加了点生粉和焯过的蚕豆，加胡椒粉和盐调了下味，然后整成薄圆形。平底锅加油，小火煎至两面焦黄熟透。

**京剧刀马旦脸谱造型**

1. 黄瓜切薄片，樱桃洗净，胡萝卜切薄片，然后用圆形模具压出一些小圆点，用小刀刻画一个嘴巴形状的胡萝卜片。
2. 根据米汉堡大小，将海苔剪出脸上装饰用的五官和发片。
3. 把以上备好的材料按图摆放，最后把米汉堡嵌入，借助镊子把上面的装饰粘上去。

摆盘 | 干菜肉米汉堡+煎鸡蛋+青葡萄+玉米+圣女果+海苔
配餐 | 香菇玉米番茄汤

### 花旦造型

干菜肉米汉堡做法：找一个平底的圆碗，在碗中铺放好保鲜膜，盛一勺糯米饭，均匀压平，然后把要加入的菜肉放进铺平，最后再在上面铺层糯米饭压实，把碗倒扣在盘中。
在蒸糯米饭的时候，可以先把头像造型的一些装饰做起来，并摆放好，图中预留米汉堡的位置即可。米汉堡上黑色的装饰和五官等是剪刀剪过的海苔，借助镊子摆放在米堡上，红色的是小番茄。

摆盘 ｜ 糯米黑米梅干菜肉饭团＋蚝油芦笋
配餐 ｜ 猪油蛋汤

　　我自己非常喜欢带点中国元素造型的早餐，中国元素给了我无限的灵感，有时真的只是稍加运用，整个早餐摆盘立刻就艺术起来了，美感十足。

### 太极八卦造型

我是早上蒸了糯米和黑米两种米饭，然后取一个普通的饭碗，糯米和黑米饭再分开摆出大致的S形，中间可放入梅干菜肉，然后用饭团覆上压实和碗边齐平，最后把碗里的饭团倒扣在盘子中间。八卦图案则是参照了收集的图片，把芦笋切小段，借助镊子摆放好的。

主食大作战

摆盘 | 鸡蛋炒饭＋牛肉炒荷兰豆＋蓝莓
配餐 | 番茄蛋汤

**小熊维尼造型**

1. 先用剪刀，把海苔剪成如图的大致形状，作为小熊维尼的五官。
2. 把炒好的饭摆成维尼熊头像大致的轮廓，再借助镊子把海苔剪成的五官放在维尼熊脸上。

摆盘 | 肉粽＋蓝莓＋苹果
配餐 | 丝瓜蛋汤

**土著小男孩造型**

上面红色的部分是苹果，眼睛是黄瓜片，具体形状是用小刀刻画出来的，再借助镊子放在土著小男孩的脸部上面。

53

# 吐司的魔法

摆盘 | 培根鸡蛋黄瓜芝士三明治+杏仁+秋葵
配餐 | 清炒秋葵
　　　红心火龙果酸奶

　　　　　三明治是章鱼很喜欢的一款食物,制作简单,营养也全面,经常会出现在章鱼的早餐中。做惯了常见的三角形状三明治,很想尝试下各种形状和造型的三明治。

可爱的滚滚真的是360度无死角萌，侧颜更是可爱爆表。秋葵做的竹叶使整个造型增色不少吧，嘻嘻。早餐时候章鱼开玩笑说："老妈，你给我准备这么多，怎么只给熊猫几片竹叶啊？你是不是也觉得它太胖了我太苗条了呀？"哈哈哈哈。

今天这个早餐是快手早餐，半小时内就可完成。做三明治的切片面包我有时会自己做，大部分时候直接在面包店购买。

### 吃竹子的熊猫三明治造型

1. 把两片三明治用剪刀大致地剪成腰果形状，用剪刀剪出熊猫的各身体部位，比例根据实际大致准确合理就可以了，黄瓜洗净切成薄片。
2. 鸡蛋打散煎好，培根煎好备用。
3. 按照面包—煎鸡蛋—芝士—黄瓜片—沙拉酱—培根—面包的顺序依次叠加好，稍微压实。叠加放的时候，食物尽量不要伸出面包形状之外，为了更加美观可用剪刀沿面包轮廓稍加修剪。
4. 把剪好的海苔用镊子夹住，放在如图位置。

### 最佳单品

**红心火龙果酸奶**

把火龙果切小块放入料理机搅拌打碎，然后再倒入酸奶搅拌均匀即可。

| 摆盘 | 培根芝士鸡蛋生菜三明治+开心果+胡萝卜+青葡萄+黄瓜+黑芝麻酱 |
|---|---|
| 配餐 | 青葡萄 |
| | 牛奶 |

做小丑鱼尼莫是章鱼给我的众多建议中的一个。小丑鱼尼莫和他爸爸的惊险历程和父子间爱的温情给了章鱼太多的开心和感动,小丑鱼是她非常喜欢的动画人物。那天早上为了见证尼莫的制作过程,章鱼早早地起来帮我一起做早餐。

**小丑鱼尼莫造型**

1. 把两片吐司剪成一头稍宽一头稍窄的椭圆形状,做一个椭圆状的三明治。
2. 切一片黄瓜片,用小刀或者圆形模具刻画出两个小圆形做眼睛,用小刀刻画出一个嘴巴形状的黄瓜条。
3. 用刨刀刨几条胡萝卜,然后在滚水里过下,等胡萝卜皮稍软,从水里捞出晾凉。
4. 借助镊子把黄瓜做成的眼睛、嘴巴和胡萝卜做成的身体纹路装饰放好,用黑芝麻酱如图稍微勾勒下线条即可。

摆盘 ｜ 芝士吐司＋白煮蛋＋西瓜＋海苔＋黄瓜
配餐 ｜ 牛奶

## 最佳单品

**芝士吐司**

1. 吐司片上涂上一层黄油,然后把马苏里拉芝士放在吐司片上。
2. 烤箱预热到180℃左右。
3. 将摆好芝士的吐司片放进烤盘,送入烤箱,上下火烤5分钟左右,等芝士膨胀软化即可取出。注意要随时观察,不要把吐司片烤焦了。

**超级马力造型**

吐司上面红色的是西瓜,先切一薄片西瓜,用小刀刻画出帽子及配饰;图中黑色的是海苔,具体形状根据需要用剪刀直接剪出,白色的鼻子是白煮蛋一端切出的一个截面。比较细小的配件摆放的时候要借助镊子。

**企鹅三明治造型**

先在盘子中用黑芝麻酱勾勒出企鹅的轮廓，需要大块黑色的部分多挤些黑芝麻酱，用手抹开，然后预留腹部的位置，大小和三明治相配。

用刀切几片胡萝卜，再用小刀刻画成企鹅的嘴和脚的形状，用镊子夹住放在各自位置。

**龙猫三明治造型**

先用黑芝麻酱画出龙猫的图像，给龙猫胖胖圆圆的肚子空留出，把三明治做成圆形，放在龙猫的肚子位置。

主食大作战

### 丹顶鹤造型

椭圆状的全麦面包横着切两片。用海苔剪出丹顶鹤的脖颈、腿脚、尾部的羽毛。同时头顶的红色鹤顶用切成小椭圆状的番茄皮表示，嘴巴则用黄瓜皮表示。具体是用刨刀刨一条黄瓜皮，然后切成长细条的丹顶鹤嘴的形状，最后借助镊子把各部件放在相应位置。

### 京剧脸谱造型

之前的那个刀马旦脸谱大受章鱼和朋友们的好评，这种肯定像身体突然注入了一股活力，给了我无限的动力，觉着京剧元素是个无尽的创意宝库。

# 面条也疯狂

主食大作战

### 小刺猬造型

意面之类的主食很难凹造型，这个通心粉意面，两头尖尖看着像刺一样，和刺猬身上的刺是不是有点契合？先在盘中用黑芝麻酱勾勒出刺猬尖尖的头部、眼睛和四肢，等意面炒好了，用筷子拨到刺猬的身体部位码好。

摆盘 ｜ 番茄意面＋白煮蛋＋小核桃＋草莓＋黑芝麻酱
配餐 ｜ 南瓜牛奶羹

### 螺旋意面狮子头像造型

讲真,我觉得这个狮子头造型是我早餐中出现的狮子造型中最霸气最有王者之气的。想到用螺旋意面摆狮子头造型,真的是灵光一现。

那天整理家里的食材,看到之前剩下的螺旋意面,脑中不知怎么的就想到了《狮子王》中的辛巴,它站在岩石的高处,俯瞰草原,头上的鬃毛迎风吹着,威风凛凛。

### 洋娃娃头像造型

我经常会带章鱼逛玩偶店,这个玩偶头像是我在逛店时候看到的,也是觉得可爱,就拍了张照片存在手机里了。

一次吃拌面时,突然觉得拌面的形状和颜色很适合表现玩偶的头发。煎鸡蛋用来作玩偶的脸部,娃娃的眼睛是M豆,头上装饰的是香菜和黄瓜片。

主食大作战

### 跳舞的鸵鸟造型

这是最早期的早餐造型,这个图片我很早以前在网上看到过,当时觉得图片简单可爱,可以用到我的早餐造型中,只是当时没想好用什么食材来表现。

这次用鹌鹑蛋做头部,意面做身体部分,胡萝卜做嘴的部分,眼睛材料是海苔,脚和颈部直接用沙拉酱画出来,当时功力有限,表现力不是特别好。

### 蒲公英造型

蒲公英的叶子是用黄瓜皮做的,削一片带皮黄瓜,然后边缘用小刀刻画成锯齿状。蒲公英的花朵部分,左边是梨切的条,右边是炒鸡蛋做成的。

# 第 3 章
## 一起来逛动物园

# 清早,送给宝贝一只小兔吧

摆盘 | 白煮蛋+西瓜+樱桃+沙拉酱
配餐 | 鸡蛋南瓜糯米圆子酒酿
　　　糯米藕

一起来逛动物园

这只兔子是来自英国的号称全球最时髦的兔子——Fifi Lapin FiFi兔，章鱼很喜欢这只兔子，因为它可以穿各种美美的衣服。我做早餐也喜欢参照它来做搭配造型，就像芭比娃娃一样，可以随心所欲地用各种食物为她做装扮和搭配。西瓜做长裙的点子来自章鱼，真心觉得章鱼的灵感和创意棒棒哒，吃早餐的时候，章鱼一定要把这片西瓜给我吃，她说要给家里最辛苦的人吃。

糯米藕和甜酒酿是现成买好的，南瓜圆子是自己提早做好放冰箱冷藏好的。早上起来蒸锅底层煮鸡蛋，上面的蒸屉蒸切片好的糯米藕。把甜酒酿放入煮锅中，加入适量清水一起煮。等锅里的甜酒酿煮开了，放入南瓜糯米圆子，等圆子煮开上浮，把提前打散的鸡蛋液倒入锅中，边倒边用筷子搅拌打散开。吃的时候根据自己的口味爱好，适量加些白糖。

**穿裙子的兔子造型**

1. 在等鸡蛋南瓜糯米圆子酒酿煮好的空暇时间就可以做兔子造型了。先根据盘子大小切一片三角形状的西瓜，摆放在盘子中间位置。
2. 预留好头部的位置，用沙拉酱画出兔子的腿、手臂、耳朵，同时拿西瓜皮用小刀切出两个小圆点做眼睛，两个小长条做X型的嘴巴。
3. 把煮熟的鸡蛋剥壳横切成两半儿，拿一半放入提前预留好的头部位置，然后借助小镊子把小圆点和小长条放入眼睛和嘴巴的大致位置。
* 为了使鸡蛋放在盘子里能稳固些，可用小刀把鸡蛋尖的一端平切成水平的面。

一起来逛动物园

# 吐泡泡的小金鱼

粉条前一天晚上放在水里泡开，炒粉条的配料也一并提早备好。我这次炒粉条加的牛肉是酱牛肉，炒的时候直接切碎粒放进去就行了。早上起来，先把老南瓜去皮切小块，和适量的水一起放入豆浆机。再在蒸锅上蒸玉米，蒸锅里煮鸡蛋。南瓜汁做好后，倒入适量的纯牛奶和白糖搅拌均匀，等吃早餐的时候再倒进杯子里。

**金鱼造型**

1. 上述准备事项完成后，把猕猴桃去皮切条块形状，再用黑芝麻酱挤画出金鱼身体中间段的圆形轮廓和装饰用的水草，同时把圣女果横着对半切备用。
2. 等鸡蛋和玉米煮熟后，把鸡蛋对半切，剥些玉米粒，用镊子把鸡蛋和圣女果依次放在金鱼眼睛位置，用玉米粒装饰金鱼身体部位。

| 摆盘 | 圣女果+白煮蛋+猕猴桃+玉米+黑芝麻酱 |
|---|---|
| 配餐 | 牛肉豆芽玉米炒粉条<br>南瓜牛奶汁 |

# 猫头鹰黑眼圈了

摆盘｜玉米＋紫薯＋草莓＋黄瓜＋黑芝麻酱
配餐｜番茄牛肉面＋白煮蛋＋玉米

面条是自己提早一个晚上和好面、切好放冰箱冷藏的,牛肉也是提前烧好了的。早上起来先在蒸锅把紫薯、玉米放蒸屉蒸,同时把鸡蛋放蒸锅里煮。等紫薯差不多快熟了,开始煮面。

## 猫头鹰造型

1. 利用蒸煮中间的空隙时间把洗净的草莓如图对半切开,再切片草莓用刀划个长椭圆做猫头鹰的嘴巴,划出两个小圆点做眼睛上的装饰。
2. 用黑芝麻酱挤画出猫头鹰的大致轮廓和树枝,把切好的草莓用镊子放在猫头鹰翅膀位置。
3. 把煮熟的紫薯去皮横切成薄厚均匀的几段,黄瓜切两个薄的圆片,剥几颗熟玉米粒。
4. 借助镊子把紫薯放猫头鹰脸部眼睛的位置,再如图把黄瓜片和长椭圆形、圆形草莓放上,用玉米粒装饰猫头鹰的身体。等猫头鹰图案拼好,面条也差不多煮好了。

# 顽皮的狮子

摆盘 | 红糖发糕+煎鸡蛋+山楂果+黑芝麻酱+黄瓜
配餐 | 杂蔬菌菇骨汤+玉米

一起来逛动物园

### 最佳单品

**杂蔬菌菇骨汤**

我早餐炖的骨汤基本都是提前一天晚上放电炖锅炖过夜的，汤里的蔬菜是早上起来做早餐时再加进炖煮的。

1. 排骨用加了料酒生姜的水焯后洗净。
2. 把洗净的排骨和菌菇一起放入电炖锅中，加入水，水要没过排骨5厘米以上。睡前把电炖锅打开，火力低档。
3. 早上起来时，把电炖锅中炖好的菌菇骨汤倒入炖锅中，然后把备好的蔬菜放入汤中，在燃气灶上用中火继续炖，等蔬菜好了，再加入调味料即可。

**狮子头造型**

用黑芝麻酱画出狮子头部的毛发，尽量发散豪放些，耳朵及脸上的五官是用黄瓜做的，鼻子两侧的小黑点是黑芝麻酱。发糕在切的时候，参照孩子的食量及盘子的摆放，切成一个四角磨圆无棱角的方形。

一起来逛动物园

# 小丑狐

　　我真的发现自己最喜欢的造型很多都是无意间摆弄出来的，瞬间灵感简直有如神助。剥个丑八怪脐橙，就因为它的皮和果肉不是很粘连，不容易剥开，我就能想到是不是能像用牛油果凹企鹅和熊造型时的方法，也用来凹个动物造型，然后据丑八怪的颜色我很自然地想到了狐狸哈哈。这是我自己最喜欢的狐狸造型，制作简单，出来的效果出奇的可爱，章鱼说爱死它了，哈哈。

| 摆盘 | 丑八怪脐橙＋海苔＋黑芝麻酱 |
| 配餐 | 蚝油芦笋 |
|  | 鲜肉小馄饨＋白煮蛋 |

## 丑八怪版小狐狸造型

1. 把丑八怪脐橙连皮对半分开，一半用作狐狸头部，用小刀在上面如图对称地划两刀两端都到底的弧线（小刀不要用力，以免切到里面的果肉），把划出的两块皮剥出；将剥出的两块皮用小刀刻画出狐狸的两只耳朵、手和脚的形状物。
2. 用剩余一半做狐狸的身体，剥出两瓣果肉做狐狸的尾巴。
3. 如图把上面两部分进行拼接。狐狸的眼睛我用的是海苔，鼻子上的小黑点是黑芝麻酱。

# 红薯变身丹顶鹤

摆盘｜芝士焗红薯＋开心果＋胡萝卜＋黑芝麻酱＋海苔
配餐｜芋艿山药子排汤

## 最佳单品

### 芝士焗红薯

1. 将两三个红薯清洗净，注意不要把皮洗掉。
2. 将洗好的红薯用刀对半切开，放到锅里面蒸熟。
3. 用勺子挖出红薯肉（红薯不要挖得太干净，稍微留一层稍厚的红薯肉）。
4. 将挖出的红薯肉趁热用勺子按压成泥，然后趁热加入适量白糖、20克黄油、100毫升牛奶搅拌均匀。
5. 把搅拌好的红薯肉填回红薯皮中，填好后撒一层马苏里拉芝士碎。然后放入已预热好的烤箱中，180℃烤大约10分钟左右，看表面芝士稍有点焦即可。

### 丹顶鹤造型

1. 先用黑芝麻酱勾勒出丹顶鹤的脖颈、脚爪，预留出丹顶鹤腹部位置。
2. 切一薄片胡萝卜，用小刀刻画出红色的头顶和嘴巴。
3. 将海苔剪成几条，作为丹顶鹤尾部的羽毛。
4. 等芝士焗红薯做好了，直接摆在预留的腹部位置就可以了。

# 高雅的黑天鹅

### 黑天鹅造型
黑色部分是用黑芝麻酱画出的，头顶和嘴巴的红色部分是用胡萝卜做成的。

| | |
|---|---|
| 摆盘 | 雪菜豆腐馅荞麦馃＋黑芝麻酱＋胡萝卜 |
| 配餐 | 玉米青豆胡萝卜虾仁粥<br>香蕉 |

# 水果猫头鹰

### 猫头鹰造型
橙子横切半个，底部用小刀削出一个平面，以便放稳；苹果切半个然后再对半切，放在橙子上做猫头鹰的翅膀；再用苹果刻画出两个大小差不多一致的圆形做眼睛，用黑芝麻酱和青椒对眼睛进行修饰，最后用橙子的皮刻画出嘴巴。

| | |
|---|---|
| 摆盘 | 苹果＋红心橙＋青椒＋黑芝麻酱 |
| 配餐 | 菌菇培根奶油意面＋白煮蛋<br>南瓜牛奶汁 |

# 大圣归来

摆盘 | 南瓜馒头+小樱桃+苹果+海苔+黑芝麻酱
配餐 | 芦笋牛肉
　　　红枣银耳莲子羹

章鱼属猴,自从之前用包子摆出一个猪八戒造型后,章鱼一直建议我摆个大圣的造型。之后,我常会想如何用食物把猴子的形象表现出来。一次做南瓜馒头的时候,我突然就有了下面的想法,做了几个心形的南瓜馒头,用作猴子的脸。

### 猴子头像造型

1. 根据心形馒头大小,用黑芝麻酱勾勒出上面稍圆、下面部位稍尖的不规则椭圆形状,作为猴脸。
2. 切一个心形苹果片和一个圆形的苹果片,削一块黄瓜皮,用小刀刻画出眼睛和嘴巴。
3. 先把圆形的苹果片放在嘴巴的位置,再把心形的馒头放在脸部中间位置,心形苹果片放在脸部的眼睛处,最后用镊子把黄瓜皮刻成的眼睛和嘴巴放在相应的位置。简单的几个几何图案,通过组合,一个可爱的大圣形象就出来了。

# 快乐的小鸡

摆盘 ｜ 培根芝士鸡蛋生菜沙拉三明治＋杏仁＋红心柚＋黄瓜
配餐 ｜ 紫薯牛奶汁

### 小鸡三明治造型

1. 用小刀切一片黄瓜，刻出小鸡的眼睛和脚的形状；切一片胡萝卜，用小刀刻成小三角形，用作小鸡的嘴。
2. 用剪刀把吐司剪成两个大点的圆形和两个稍小的圆形。两个大的圆形吐司做三明治时用，当作是小鸡的身体部位；小的圆形吐司保持一个平衡点叠加在三明治上，用作小鸡的头部。
3. 借助镊子把小鸡的眼睛、脚爪、嘴等部件放在相应的位置。

# 悠闲的水鸭

摆盘 ｜ 芋艿＋黑芝麻酱＋香椿苗
配餐 ｜ 菌菇鸡汤面＋玉米＋白煮蛋

### 水鸭造型

这个造型灵感来于之前去安徽宏村时拍的一张照片。照片中一群水鸭在池塘中嬉戏，那时就有用芋艿来凹水鸭造型的想法。

具体做法也很简单：用黑芝麻酱画出鸭子的头颈和嘴巴，大致意思到位就好了，把蒸好的芋艿放在鸭子的身体部位就可以了。

# 孔雀，我最美

摆盘 | 樱桃＋啤梨＋黑芝麻酱
配餐 | 蛋黄肉粽
　　　南瓜牛奶汁

### 开屏的孔雀造型

孔雀的身体部分用啤梨表现。用刨皮刀把黄瓜刨成薄薄的长条，然后按照扇形摆开，做成孔雀展开的屏，再用樱桃、黄瓜片等修饰孔雀的屏。

一起来逛动物园

摆盘 | 芝士焗红薯＋草莓＋黄瓜＋黑芝麻酱
配餐 | 红枣花生核桃牛奶汁
　　　炒杏鲍菇培根

### 高傲的孔雀造型

孔雀的身体部分可以用任意椭圆状食物替代。

# 鼹鼠的故事

摆盘 | 椒盐迷迭香土豆+玉米+白煮蛋+提子+黑芝麻酱
配餐 | 红米小米粥
　　　| 提子+玉米

　　小时候看的动画片《鼹鼠的故事》，里面的小鼹鼠带给我很多的快乐和美好回忆，他是我小时候最喜爱的动画形象之一。章鱼看过这个动画片后，也很喜欢小鼹鼠。

　　让他出现在我的早餐里是我很早就有的想法，当时感觉用食材表现它有点难度，我就想用黑芝麻酱画一个，以装饰点缀的形式出现在早餐中，增加餐盘的故事感。我没有绘画基础，能画成这个样子真的是尽自己最大努力啦！

一起来逛动物园

> 最佳单品

**椒盐迷迭香土豆**

1. 小土豆蒸熟去皮，用菜刀的刀背拍扁，便于入味。
2. 开中火，在平底锅中放入适量橄榄油，将拍好的土豆放进干煸至土豆两面都焦黄。
3. 将迷迭香放入锅中，继续翻煎，最后放入椒盐、葱末调味。

**小鼹鼠造型**

1. 先用黑芝麻酱在盘中画出鼹鼠图案。我一般是把黑芝麻酱舀一勺放在保鲜袋一角，然后在袋角戳一个小孔，边画边挤，有些大的色块可以用手指均匀抹开。如果要擦拭或修改可以用厨房纸来帮助，具体做法是：撕一条厨房纸，卷成一端尖角的针状，然后就可以用来擦拭和修改黑芝麻酱画成的图案了。
2. 用黑芝麻酱画出花秆。提子洗净，对半切开，然后摆成花朵形状，煮熟的玉米剥一些玉米粒，借助镊子摆成花朵形状。
3. 做好的椒盐迷迭香土豆摆成梯形的土堆状，煮熟的白煮蛋去壳对半切开，如图放在提子摆成的花中间，作花心和花蕊。

**牛油果小鼹鼠造型**

用牛油果凹了好多动物造型，有朋友建议我用牛油果做个小鼹鼠。（具体做法可以参考介绍牛油果那一节P110。）

| 摆盘 | 牛油果＋燕麦 |
|---|---|
| 配餐 | 全麦吐司＋山楂酱 |
|  | 土豆奶油培根浓汤 |

# 萌萌的小鹿们

摆盘 | 红薯饼+煎鸡蛋+小核桃+白芝麻
配餐 | 青菜香菇培根粥

**亲亲梅花鹿造型**

红薯泥和了糯米粉后的面团,就像橡皮泥一样,可塑性太强了,你想做成什么形状就可以做成什么形状。

红薯饼煎过后的色彩和梅花鹿的颜色是不是很相近?如果没有红薯泥,用南瓜泥替代一样可以做成梅花鹿形的南瓜饼。

摆盘 | 红薯饼+小核桃+白芝麻
配餐 | 鲜肉馄饨+煎鸡蛋

**酣睡的梅花鹿造型**

具体食材和做法和前面相近。眼睛用的是黄瓜皮,用小刀刻画出的。

一起来逛动物园

摆盘 | 南瓜饼＋小核桃＋车厘子＋黄瓜＋黑芝麻酱
配餐 | 青菜瘦肉粥＋煎鸡蛋

### 吃东西的长颈鹿造型

南瓜饼和之前的红薯饼一样，做造型的时候，感觉就像是在玩橡皮泥，妈妈可以让孩子参与进来，一起凹造型。章鱼在幼儿园和小学时期有很多橡皮泥手工课课程，对这个比较有心得，整个长颈鹿的大致轮廓是她做出的，我最后对细节做了修整。图中黑色的是黑芝麻酱，头上的触角是黄瓜做的，身上的斑纹，是切成片的车厘子。

早上如果时间紧，可以在前天晚上把做南瓜饼的面团和好。

摆盘 | 玉米鸡蛋煎饼＋草莓＋黑芝麻酱
配餐 | 鲜肉小馄饨
　　　草莓

### 长颈鹿的证件照造型

玉米鸡蛋饼煎好后，用小刀划切成如图长颈鹿的形状，长颈鹿身上的黄瓜片是煎玉米鸡蛋煎饼的时候放上去的。长颈鹿的脸上黑色的是用黑芝麻酱画上的。

87

# 第4章 花开四季

# 春

摆盘｜南瓜馒头＋雪梨＋黑芝麻酱

配餐｜红枣银耳莲子雪梨羹
　　　芦笋鸡蛋

**玉兰花造型**

黄色的是南瓜馒头，形状是在做馒头前就做好的。蒸馒头之前把面团捏成玉兰花叶片的形状。白色的是将雪梨去皮，然后切成一片片，再叠加上去摆出花形，黑色的是黑芝麻酱。

摆盘｜南瓜馒头＋小核桃＋黄瓜＋沙拉酱
配餐｜鸡蛋炒黄瓜
　　　花生核桃红枣牛奶汁

**兰花造型**

花朵做法：揪一个面团搓圆，然后用剪刀围绕一个圈剪五刀，再捏出花瓣形状。花蕊是用小刀的刀背压出来的。绿色的叶子是黄瓜皮做的，用刨刀刨成长条，然后用小刀划成细条摆放好，图中两个含苞的花蕾是用沙拉酱做的。

摆盘 | 草莓＋黄瓜＋黑芝麻酱
配餐 | 海鲜炒面
　　　南瓜牛奶汁

　　老家老房子墙上爬满了凌霄，每到花开时节，整座房子掩映在绿叶花团中，实在是美，拆老房子时，别的倒不怎么留恋，唯独遗憾那墙凌霄。做个早餐，也好留个念想。

### 凌霄花造型

先用黑芝麻酱勾勒出枝蔓，再把切好的黄瓜皮叶子和草莓凌霄花借助小镊子摆放好，凌霄花的花托可以用草莓，也可以用胡萝卜，或者其他接近凌霄花颜色的食材。

花开四季

摆盘 ｜ 桂圆＋圣女果＋黄瓜
配餐 ｜ 青菜鸡肉面＋煎鸡蛋

**铃兰花造型**

叶子和花秆是用黄瓜做的。黄瓜削稍厚的片，然后用刨刀稍微刨去些皮，这样就成图中的叶子图案了。圣女果对半切，然后用小刀把圣女果切成锯齿状，最后把圣女果和剥好的桂圆放在如图合适的位置。

　　不深究铃兰花到底是什么样子，这个摆盘造型是比较抽象的，只求整体感觉有铃兰的样子。

93

摆盘｜柚子＋黄瓜＋黑芝麻酱
配餐｜番茄培根炒意面＋煎鸡蛋
　　　紫薯牛奶汁

**黄色康乃馨造型**

先用黑芝麻酱画出花枝，花托是用黄瓜皮做的。把柚子剥成小块状，然后层层叠加摆放成图中的花形。

花开四季

摆盘 | 红心柚＋黄瓜＋黑芝麻酱
配餐 | 全麦吐司＋牛肉＋牛油果＋煎鸡蛋＋生菜＋沙拉酱
　　　南瓜牛奶柚子坚果羹

**红色康乃馨造型**

先用黑芝麻酱画出花枝，花托是用黄瓜皮做的。把柚子剥成小块状，然后层层叠加摆放成图中的花形。

95

# 夏

摆盘 ｜ 哈密瓜＋橙子＋黄瓜＋圣女果＋小葱＋海苔
配餐 ｜ 菌菇青菜鸭汤面＋白煮蛋

向日葵给人希望和向上的感觉，希望章鱼吃完我做的早餐可以元气满满地开始一天的学习。

### 向日葵造型

花秆是小葱，绿色的叶子是黄瓜皮，红色的瓢虫是圣女果，瓢虫黑色的部分是海苔。

| | |
|---|---|
| 摆盘 | 荔枝＋黑芝麻酱＋薄荷叶 |
| 配餐 | 炒豆苗鸡蛋 |
| | 鲜肉小馄饨 |

　　栀子花开，so beautiful so white！喜欢栀子花，有天吃荔枝时，突然觉着晶莹剔透的荔枝果肉真的是很适合用来表现栀子花。

　　章鱼说看上去像真的一样，我自己也是喜欢得很！为自己的聪明点赞，哈哈。

### 栀子花造型

荔枝果肉剥壳后去核，对半掰开，然后如图叠加摆放成花形。花枝是用黑芝麻酱画出的，叶子直接使用了薄荷叶。

### 菖蒲花造型

把火龙果的果肉先横切成片再去皮,然后用小刀划出一瓣瓣的菖蒲花瓣,最后摆放在一起。中间点缀下樱桃酱什么的就可以了,绿色的茎叶是黄瓜做的。

摆盘 | 火龙果+黄瓜+樱桃酱
配餐 | 青菜鸡蛋牛肉紫薯面条

### 百合造型

绿色部分是黄瓜,花托是桔子皮做的,很简单,是用小刀划刻出来的。

摆盘 | 杏仁+桔子+黄瓜
配餐 | 肉饺+玉米+白煮蛋

| 摆盘 | 苹果＋黑芝麻酱 |
|---|---|
| 配餐 | 蔬菜骨汤 |
| | 肉末青菜鸡蛋炒年糕 |

### 荷花造型

苹果带皮切成两头尖的椭圆状,然后根据造型摆放需要,削去苹果皮,只在一端留部分苹果皮,具体可参照我的造型图片摆放,图中黑色部分是用黑芝麻酱画上的。

摆盘｜猕猴桃＋黄瓜＋圣女果＋黑芝麻酱
配餐｜牛肉青菜番茄米线＋卤鸡蛋

**猕猴桃牵牛花造型**

这个造型复杂费时的部分是用黑芝麻酱画出的牵牛花的叶子。
先用黑芝麻酱画出牵牛花叶子的轮廓，然后再挤些黑芝麻酱在轮廓里，用手均匀抹开，最后撕一小片厨房用卫生纸，卷成细条，在叶子上画出叶脉。

摆盘｜猕猴桃+橙子+黄瓜+小葱
配餐｜芋艿香菇骨汤米筛爬+茶叶蛋

小时候我家老房子的院子围栏上爬满了牵牛花，每次早上起来看着开满牵牛花的围栏，看着一片生机勃勃，心情都会好很多。

### 橙子牵牛花造型

叶子是绿心猕猴桃做的。牵牛花的茎和花托，以及未绽放的花蕾都是黄瓜做的。

在早上吃米筛爬，我一般提早做好放冰箱冷冻或冷藏（也可以把做好的米筛爬放入滚水中，煮至浮在水上，捞起沥干水分、在阳光下晾干、用保鲜袋包好，吃的时候拿出来煮。常温下可存放半个月左右）。至于汤底，我会在前一天晚上准备，用电炖锅炖过夜，早上可节省时间。

摆盘 | 荠菜炒年糕 + 玉米 + 黑芝麻酱
配餐 | 鲜肉蛋饺玉米青菜汤

每年到了二月份，杭州的各种梅花迎寒绽放，我们全家会去杭州植物园和余杭的超山赏梅。早餐的很多梅花造型灵感就来源于此。

### 玉米粒梅花造型

这款梅花造型摆盘非常简单。先用黑芝麻酱画出梅枝，再借助镊子把煮熟剥好的玉米粒摆成花形，最后等荠菜年糕炒好了，如图摆放好，作为梅花的老枝。

摆盘 | 红心猕猴桃+酱牛肉+黄瓜
配餐 | 青菜肉饼+白煮蛋+胡萝卜+海苔
　　 | 山药百合粥

**猕猴桃梅花造型**

把去皮的红心猕猴切成1厘米左右厚度的片,然后如图示,切出五个角。切的时候刀向尽量圆润些,这样梅花图案就出来了。

# 第 5 章
## 水果的季节

# 草莓

水果的季节

草莓红鲤鱼的这个造型和摆盘是草莓鲜艳的颜色给了我灵感,草莓在我脑海里真的可以变换出好多形象。

早上时间太紧,我忘记用草莓摆出鲤鱼的背鳍了,微博发完了再看图片才突然想起,所以,这次的摆盘是有点遗憾的。

**草莓红鲤鱼造型**

1. 先用黑芝麻酱勾勒出鲤鱼的嘴巴、鱼须,以及鲤鱼的身体轮廓,再把洗净的草莓横切成圆片若干,对半切若干。
2. 借助镊子把圆片草莓叠加摆在鲤鱼头部位置,把对半切的草莓表皮部分朝上,叠加摆在鲤鱼身体位置,最后用几片切薄的草莓摆放在鲤鱼尾巴处,呈鱼尾形状。

| | |
|---|---|
| 摆盘 | 草莓+黑芝麻酱+黄瓜 |
| 配餐 | 鲜肉煎饺 |
| | 菠菜鸡蛋汤 |

107

摆盘 | 草莓+胡萝卜+黄瓜+黑芝麻酱
配餐 | 韭菜肉饼
蔬菜菌菇汤+白煮蛋

为早上节约时间，做饼的面前一天晚上和好，馅也最好提前拌好，煮蔬菜汤的食材也可以提前洗净了放冰箱备用。

早上起来做早餐时先把蔬菜汤放锅里煮上，白煮蛋也单独煮起来，然后再把馅饼包好摊薄，在平底锅刷少许油小火慢煎。

### 火烈鸟造型

1. 在煎饼的时候，草莓洗净去蒂，胡萝卜用小刀切成薄条片，再用小刀刻画出火烈鸟头颈和双脚的大致形状，火烈鸟的嘴巴是用黄瓜片做的，也是借助小刀刻画出嘴的大致形状。
2. 借助镊子，把步骤1中备好的材料按事先设想好的造型摆盘，最后用黑芝麻酱点出火烈鸟的眼睛。

水果的季节

**樱花造型**

草莓洗净横切成圆片，然后借助镊子摆放成花形，草莓的蒂可做花蕊，黑色的枝干是用黑芝麻酱画上的。

摆盘 | 草莓+黑芝麻酱
配餐 | 青菜牛肉面+煎鸡蛋

**无名小花造型**

这个不知道是什么花，看到一张图片觉着简洁美丽就参考着用到摆盘中了。因为它的存在，荠菜肉末炒年糕瞬间就有了意境，显气质了，哈哈哈。花的茎叶等是刨刀刨的黄瓜片做的。

摆盘 | 荠菜肉末炒年糕+草莓+黄瓜
配餐 | 玉米山药汤+鹌鹑蛋

# 牛油果

摆盘 | 牛油果＋芦笋＋胡萝卜＋沙拉酱
配餐 | 鸡蛋煎馒头＋培根芦笋卷
　　　南瓜牛奶汁＋牛油果

　　　　牛油果果肉营养丰富，是一种高热能水果，营养价值与奶油相当，可以做成沙拉吃，也可以夹在三明治里吃，还可以蘸白糖吃。我家章鱼喜欢什么调料都不放，不做任何处理加工，直接就吃，哈哈，省了我好多事。

水果的季节

最先想到用牛油果做造型，是一次陪章鱼在书店看书时，看到书上的企鹅插图想到的。书中企鹅的身形和家里几个牛油果的形状好相似，我就想我可以试着用牛油果做出企鹅造型来。那次企鹅造型出来后，我自己超级喜欢，之后就举一反三，有了牛油果猫头鹰、牛油果黑熊、牛油果龙猫，等等。

**牛油果猫头鹰造型**

1. 牛油果对半切开去核。在切好的其中一半牛油果两侧，用小刀刻出稍有弧线的两刀用作猫头鹰的翅膀。记住，刻的时候作为猫头鹰肩部的一端不要切到底，要和剩余的皮黏连在一起，另一边翅膀张开的一端要切到底，然后用手稍微掰出点，露出里面的果肉颜色。
2. 在剩余的另一半的牛油果上取一块果皮，用小刀切成一个等腰三角形状，用作猫头鹰的头顶。
3. 在牛油果稍窄处偏上面部位，用沙拉酱画两个圆圈，作为眼睛；然后切一片胡萝卜，刻画一个小三角，用作猫头鹰的嘴巴；最后把之前切好的牛油果皮三角形放在如图处，一个造型简单的猫头鹰图案就完成了。

111

摆盘 | 牛油果 + 生菜 + 黑芝麻酱 + 沙拉酱
配餐 | 培根生菜鸡蛋手抓饼
　　　南瓜牛奶汁

**牛油果企鹅造型**
1. 把牛油果切两半去核。用小刀分别将上面的果皮揭去。
2. 把剥下的皮用小刀刻画出企鹅的四肢,如图安放好。
3. 用黑芝麻酱画出企鹅的嘴巴,再用黑芝麻酱和沙拉酱画出企鹅的眼睛,企鹅肚肚上白色的酱也是我抹上去的沙拉酱。

| 摆盘 | 玉米+牛油果+开心果+黑芝麻酱+沙拉酱 |
| --- | --- |
| 配餐 | 培根菌菇辣酱意面+煎鸡蛋 |
|  | 核桃红枣红豆浆 |

### 牛油果小熊造型

1. 把牛油果切两半去核。用小刀在其中的一半上面划一个椭圆,然后把附在上面的果皮揭去。
2. 把剥出的皮用小刀刻画出小熊的上肢和耳朵,如图安放好。
3. 用沙拉酱和黑芝麻酱画出小熊的五官。

摆盘　｜　牛油果＋黑芝麻酱＋沙拉酱
配餐　｜　培根番茄意面＋煎鸡蛋
　　　　　杂粮豆浆

### 小毛驴造型

用牛油果制作成的小毛驴比之前鸡蛋制作成的小毛驴更生动些。毛驴头部白色的是沙拉酱，黑色的是黑芝麻酱。毛驴的耳朵和脖子则是直接用切下的果皮刻画出的。

水果的季节

摆盘 | 牛油果＋黄瓜＋胡萝卜＋黑芝麻酱
配餐 | 炸酱面＋白煮蛋
　　　南瓜牛奶汁

**乌鸦造型**

取半个牛油果，切掉一部分作为乌鸦的脸部。图中黑色的眼睛和嘴巴尖的部分是用黑芝麻酱画的。红色的嘴巴是用胡萝卜做成的。乌鸦的尾巴是用切掉的牛油果皮切出来的。最后，树干是黄瓜条做成的。

# 苹果

摆盘　乌饭团＋白煮蛋＋苹果＋沙拉酱＋黑芝麻酱
配餐　芋艿玉米骨汤

水果的季节

　　头戴熊皮帽，身着红色制服的英国皇家卫兵的形象真是太萌太可爱了。一直在想怎么用早餐中会用到的食材把他表现出来，某天去菜场买菜，看到有卖乌饭叶，就想着黑色的熊皮帽可以用乌饭团表现出来。

**英国皇家卫队卫兵造型**

1. 苹果切半个，用小刀切成图中卫兵上半身形状，用白色沙拉酱在上面画出衣襟、腰带、纽扣等。
2. 白煮蛋剥壳，在蛋的一端用小刀切一个面，好让鸡蛋能竖着立住。
3. 用黑芝麻酱在盘中画出卫兵的手和腿脚，在白煮蛋上画出卫兵的五官和熊皮帽的扣带。
4. 把乌饭团捏成帽子形状，摆放好。

摆盘　苹果+黑芝麻酱+香菜+黄瓜
配餐　南瓜馒头+煎鸡蛋
　　　肉圆汤

　　这个鹦鹉造型的原形是我在微博上看到的。因为很可爱，就想着如何把它用食物变换到我的早餐里。
　　选用苹果是因为苹果本身颜色和原图中的鹦鹉颜色相近，另外，苹果果肉薄脆，用小刀刻画起来不费劲。

**鹦鹉造型**

切半个苹果，然后用小刀在一边中间处切一个缺口，用小刀修饰圆润。再在上面用小刀刻画出鹦鹉的嘴巴、眼睛和翅膀，尾巴的材料是苹果和黄瓜皮。

水果的季节

摆盘 | 白煮蛋+苹果+黑芝麻酱
配餐 | 年糕菜泡饭+酱牛肉+白煮蛋

**小雏菊造型**

苹果切成这样的小片还真挺费时的，鸡蛋横切，其中半个做花心和花蕾，绿色的花托是黄瓜，黑色的是用黑芝麻酱画的。

摆盘 | 抹茶玫瑰馒头＋煎鸡蛋＋苹果＋玉米＋薄荷叶
配餐 | 菌菇番茄肉圆汤＋玉米

### 花环造型

先用苹果、玉米、薄荷叶等拼出花环的大致造型，预留几个位置放鸡蛋花和抹茶玫瑰馒头。为保持食物温度，馒头和鸡蛋花在最后准备要吃的时候再放入盘中位置。整个造型看似复杂繁复，具体摆放起来并不难，一大早面对一个鲜艳美丽的花环，心情都变明朗了。

**最佳单品**

馒头花

# 葡萄

### 黑提蚂蚁造型

蚂蚁在我很早的早餐里就有出现，说起最初的灵感，来自于章鱼小时候看过的一本绘本。那时看到里面的小蚂蚁，我突然就感觉像看到了三颗连在一起的小黑提，哈哈。造型很简单，三个黑提连在一起摆放，分别作为蚂蚁的头部、身体及尾部。眼睛是用沙拉酱画出的，触角和手脚则是用黑芝麻酱画出的。

摆盘 | 黑提＋杏仁＋胡萝卜＋黑芝麻酱＋沙拉酱
配餐 | 培根鸡蛋牛油果三明治
　　　牛奶

### 黑天鹅造型

1. 取一片海苔，用剪刀剪出"2"字形的天鹅头颈形状（也可以用黑芝麻酱画）。用小刀切一薄片胡萝卜，然后用小刀刻画出头部的红顶和嘴巴部位。
2. 把海苔剪成的脖颈放在盘中，再借助镊子把天鹅的红头顶和嘴巴部位放在相应位置，再把洗好的黑提如图摆成天鹅的身体形状。

摆盘 | 黑提＋黄瓜＋胡萝卜＋海苔
配餐 | 香菇萝卜骨汤猫耳朵＋茶叶蛋

水果的季节

摆盘 | 红薯+开心果+葡萄+胡萝卜+黄瓜+黑芝麻酱
配餐 | 番茄肉圆菌菇面+茶叶蛋

说真,我一看到水果的颜色和形状,脑子就会不自觉地想什么形象可以用它来表现出来。黑色皮的水果能表现的形象实在太多,如前面的黑天鹅,还有就是乌鸦什么的。

### 乌鸦造型

1. 用小刀切一薄片胡萝卜,然后用小刀刻画出乌鸦的两只脚;嘴巴也可以用胡萝卜表现,我这次是用红薯,切一块煮熟的红薯,如图,切成一个大致的三角形状;再用身边有的任何食材,比如黄瓜皮,用小刀或者别的什么圆形模具刻画出一个小圆,用作眼睛。

2. 用洗净的黑提摆出一个字母"D"的形状,用作乌鸦的身体,右上部空出一块,把之前切好的红薯放在乌鸦嘴巴的位置处,然后借助镊子把之前准备好的眼睛和脚的部件放在相应位置处,最后用黑芝麻酱点缀乌鸦的眼睛,画出乌鸦的尾巴。

# 无花果

  这个小浣熊的造型,现在想起来还觉着有点兴奋,当时真的感觉自己好聪明,好有成就感!

  那天做早餐的时候,我在准备早餐水果,当时我把无花果对半切,看到眼前的横切面色彩,突然想起前段时间带章鱼去杭州野生动物园看到的小浣熊,就这么随手比划摆了下,还真有点小浣熊的感觉。

  图中黑色部分是用黑芝麻酱画的,眼睛处白色的是沙拉酱。这个早餐的小浣熊造型因为是临时想起的,感觉呈现出的效果不是很好,后面的早餐中我又试做了几次,效果比现在的还要好些。

### 小浣熊造型

1. 无花果对半切,选其中一半再对半切,作为浣熊的头部,顶部不要切断;选一个无花果在一端横切一个小切口(有助于放平稳),作为浣熊的身体部分。
2. 用黑芝麻酱画出浣熊翘起的尾巴、大致的四肢及眼睛,图中白色点缀用的是沙拉酱。
3. 其他坚果等如图摆放。

不同姿势的小浣熊

### 金鱼造型

这个金鱼造型是我很早就有的一个创意,在本子里存放了好久。在无花果季节用上,出来的效果还不错。

### 小狐狸造型

可参照之前的小浣熊造型,把无花果对半切,其中一半做狐狸的身体部位,另一半再从尾切到三分之二处,不要切到尾,作为狐狸的头部。再另切一个无花果做狐狸的尾巴。耳朵是用无花果皮切出的两个小三角,眼睛和鼻子上的黑色部分是黑芝麻酱画出的,眼睛是用沙拉酱画出的。

水果的季节

### 两只小老鼠造型

无花果对半切开,一半做头部一半做身体;横切几片薄薄的黄瓜片,刻画出老鼠的耳朵、眼睛。如图摆出老鼠的状态和造型,眼睛上和鼻子上的小黑点是黑芝麻酱,尾巴可以用黑芝麻酱画一条,也可以用黄瓜皮之类的划出一长条。

### 一只小老鼠造型

做法同上,只不过,这只老鼠的耳朵用的是无花果的皮。做造型和摆盘时,有些装饰和点缀的东西自己可以根据身边现有的材料灵活应用。

# 石榴

摆盘 | 石榴+黑芝麻酱
配餐 | 煎鸡蛋
　　　| 馄饨+煮青菜

**石榴小瓢虫造型**

用石榴做造型都很简单,只要考虑好石榴本身的颜色和图案的搭配即可。这个小瓢虫就是先用黑芝麻酱画出轮廓,摆上石榴粒就完成了。

水果的季节

摆盘 | 石榴+黑芝麻酱+胡萝卜+黄瓜
配餐 | 培根番茄意面+煎鸡蛋
　　　黑豆浆

**石榴火烈鸟造型**

同小瓢虫的做法一样。火烈鸟的造型也是我经常做的。这次的石榴火烈鸟造型是比较简约的风格。

# 樱桃

摆盘 | 樱桃＋黄瓜＋番茄酱
配餐 | 鲜肉小馄饨＋煎鸡蛋

水果的季节

会想到用樱桃来做火烈鸟造型，纯粹是由樱桃颜色想到的。各种食物有自己天然的色彩，运用到不同造型里会有意外的发现和美感。我自己感觉创意不错，不过章鱼和鱼爸说这更像是一只鸟驮着一串葡萄，哈哈。

馄饨可以提早做好放冰箱冷冻，或者把馅提前个晚上调拌好，早上早点起来现包。煎鸡蛋因为简单快速，可以在最后再煎，保证食物的温度。

### 樱桃火烈鸟造型

1. 用番茄酱勾画出火烈鸟的头颈和腿，把椭圆状的身体和头部预留出来。
2. 樱桃洗净去核对半切，用黄瓜皮或另外自己觉得可替代的现有的食材，切出眼睛、嘴巴和一些装饰的小草形状的细条。
3. 如图用镊子把切好的樱桃放在之前预留的各身体部位，再把眼睛嘴巴之类的放在合适的位置。

# 芒果

| 摆盘A | 培根芝士吐司 |
| --- | --- |
| 摆盘B | 芒果+黄瓜+海苔+苹果+胡萝卜+黑芝麻酱+沙拉酱 |
| 配餐 | 炒培根鸡蛋黄瓜 |
|  | 黑豆浆 |

水果的季节

章鱼上学以来，学校经常布置手工作业，我会协助她一起完成，不知不觉锻炼了我的动手能力和想象力。这只公鸡造型是章鱼上幼儿园时我和她一起做过的一个剪纸拼画作品，这次用早餐水果的形式表现出来，给了章鱼一个大大的惊喜，章鱼一直不忍下口，直到我说把拍出来的照片印出来后才肯吃。

## 最佳单品

**培根芝士吐司**

在一片吐司上面放一片芝士。然后按照图中小树的造型，用培根摆出树干和树枝，黄瓜切半圆片，摆成树叶的样子。最后一起放进烤箱，180℃，大约烤15分钟即可。
芝士可以用这种片状芝士，也可以用马苏里拉芝士。

**公鸡造型**

1. 芒果对半切，划出格子，做公鸡的身体部位。
2. 取一根黄瓜，在一端切一段，再对半切，取其中一块如图切成锯齿状，做公鸡的头颈部位。
3. 切一片带皮苹果，用小刀刻画出公鸡的鸡冠和颈部，公鸡的嘴巴可以用苹果皮，图中用的是胡萝卜。
4. 海苔剪成公鸡尾巴形状。
5. 最后用黑芝麻酱和沙拉酱画出公鸡的脚爪和眼睛。

# 猕猴桃

摆盘 | 清炒秋葵＋猕猴桃＋圣女果＋黑芝麻酱
配餐 | 南瓜紫薯糯米汤圆

### 花丛造型

1. 先把猕猴桃去皮切片，用小刀匀称地切去几个边角，猕猴桃片变成花朵形状，用镊子摆放在盘中。
2. 用黑芝麻酱画出花秆。
3. 秋葵洗净去蒂对半切成条状，然后在锅里清炒后盛出摆在盘中。

水果的季节

摆盘 | 猕猴桃＋黑芝麻酱
配餐 | 青菜香肠玉米炒年糕
　　　番茄蛋汤

**松树造型**

松树树干的枝条是用黑芝麻酱画出来的，画的时候预留松叶的位置，把绿心猕猴桃切片后对半切，然后借助镊子夹起放在预留的位置上。

　　通过做花样早餐，我这个没有任何绘画基础的人，画画的水准和审美都有了提升，后来我真有点把每天的早餐摆盘当绘画练习在做了。

# 第 6 章
# 节日的祝福

摆盘 | 肉粽+清炒秋葵+白煮蛋+苹果+黑芝麻酱
配餐 | 樱桃
　　　南瓜牛奶汁

节日的祝福

# 端午

端午节吃个粽子应应景。在没动手做前,我觉得要摆个龙的造型真是复杂得不要不要的,光想想就头大,但是认真地把龙图案的构成简化组合下,再找合适的食材表现出来,摆盘一下就变得容易了。

**龙头造型**

1. 先用黑芝麻酱画出龙嘴的侧面,具体如图。再用小刀把苹果刻画出龙舌、龙角、龙鳞、龙须。将白煮蛋剥壳切成两半备用。
2. 将秋葵切成条状在锅里清炒完后,借助筷子夹起放在龙头位置按图码好,再把步骤1中准备好的食材依次借助镊子放在如图位置,一个栩栩如生的龙头造型就完成了。

摆盘 | 月饼＋苹果＋黄瓜＋煎鸡蛋
配餐 | 莲子银耳红枣羹

# 中 秋

每年农历八月十五是中秋节,我们中国人都有吃月饼的习俗。花好月圆人团圆,寓意着我们对美好生活的祈愿和向往。苹果花儿和鸡蛋花儿衬着圆圆的月饼是不是有点花好月圆的意境?

这个中秋节早餐很多人说过于甜腻,其实我的初衷是想搭配奶茶的,不过最后搭配的是红枣莲子木耳汤。我在加冰糖时,刻意比平时少放了些,控制了下甜度。

**苹果花造型**

最大的一朵苹果花,是用削皮刀将苹果连皮削成薄片,然后一片一片卷成花朵形。右上的苹果花则是将苹果皮从一端开始卷到底,就成花形了。右下的是鸡蛋花,做法前面有介绍(P17)。

节日的祝福

# 圣诞

纯粹是想在圣诞节应个景,就用黑芝麻酱画了个麋鹿,鹿角用桂圆美美地装饰了下,哈哈哈,是不是有点傻傻的可爱!大家可以尽情地发挥,给麋鹿角装饰各种食物。

**桂圆花造型**
把桂圆剥皮,然后一瓣瓣掰成五瓣,呈花朵形状,中间的核不要去掉,当作花蕊,看着有美感。

| | |
|---|---|
| 摆盘 | 桂圆+杏仁+葡萄+黑芝麻酱 |
| 配餐 | 葱肉煎饺 |
| | 青菜鸡汤 |

图书在版编目（CIP）数据

章鱼妈妈的早餐/章鱼妈妈著. —北京：北京联合出版公司，2016.6

ISBN 978-7-5502-7509-6

Ⅰ. ①章… Ⅱ. ①章… Ⅲ. ①儿童—食谱 Ⅳ. ①TS972.162

中国版本图书馆 CIP 数据核字（2016）第 069020 号

## 章鱼妈妈的早餐

章鱼妈妈 著

选题策划：北京日知图书有限公司
策划编辑：陈瑶 @ 夏日星
插画创作：赵奕奕
封面设计：刘潇然
责任编辑：张 萌
美术编辑：王道琴 陈 瑶

北京联合出版公司出版
（北京市西城区德外大街 83 号楼 9 层 100088）
北京艺堂印刷有限公司 新华书店经销
787 毫米×1092 毫米 1/16 9 印张
2016 年 6 月第 1 版 2017 年 4 月第 2 次印刷
ISBN 978-7-5502-7509-6
定价：49.90 元

版权所有，侵权必究
本书若有质量问题，请与本社图书销售中心联系调换。
电话：010-82082775